去太空
类地行星大不同

焦维新　著

姚佳琪　绘

广西科学技术出版社

认识类地行星

我国首个火星探测器天问一号成功在火星着陆了，它还带上去了一辆叫祝融号的火星车！这件了不起的大事吸引了全中国的目光，当然少不了朵朵和珠珠姐妹两个。她们又向爷爷提了许多问题：为什么要探测火星？火星有什么特别之处呢？于是今天爷爷特地带她们到行星体验馆寻找答案。

金星

火星

水星

地球

小行星带

内行星

太阳系中距离太阳最近的 4 颗行星是内行星，分别是水星、金星、地球和火星。水星、金星和火星与地球一样，体积小而密度大，有坚实的表面，所以我们又把它们称为类地行星。

今天就来了解一下这3颗和地球相似，挨得也最近的类地行星吧。虽说是相似，但差别也大着呢。

太阳系

太阳系有 8 颗行星和许许多多的小天体，比如小行星和柯伊伯带天体。太阳强大的引力将它们吸住，使它们在各自的轨道上绕着太阳公转。内行星和外行星以小行星带为界来划分。

柯伊伯带

土星

海王星

天王星

木星

外行星

外行星和内行星很不一样，它们很大，表面是气体或高压液体。外行星共有 4 颗，分别是木星、土星、天王星和海王星。除木星外的 3 颗行星又称为类木行星。

生命

目前，地球是唯一已知的有生命存在的星球。我们与 150 多万种动物、40 多万种植物和 20 多万种微生物共同生活。

结构

类地行星都有一个以铁为主的核，以及由硅酸盐岩石构成的幔和壳。在地壳深处和地幔上层，温度非常高，岩石熔化成了岩浆。

表面

类地行星有丰富多彩的地形：山脉、陨石坑、峡谷……地球表面约 71% 被水覆盖着，金星和火星表面也可能存在过海洋。

行星环

我们太阳系中的类地行星都没有行星环，而类木行星都有。这些环主要是由岩石和冰块组成的。

匆匆忙忙的水星

水星是个头最小，离太阳最近的行星，因此它受到太阳很强的引力，绕太阳运行的速度最快。到底有多快呢？焦爷爷说，如果飞机以水星的公转速度飞行，那么从北京到上海大约只需要25秒，绕地球飞行一周还不到14分钟！

水星的名字是怎么来的

现在我们知道，水星整体干燥、炎热，没有液态水，那它为什么叫水星呢？这其实是因为在古代，人们只能观测到5颗行星，并把它们和"五行"学说联系在了一起，五行配五色：木为青，火为赤，土为黄，金为白，水为黑。灰黑色的水星就由此得名了。这些在堪称中国古代第一部天文学专著的《史记·天官书》中有明确记载。

水星 小档案

直径：地球的38%，只比月球大一点
质量：地球的5.5%
引力：地球的38%
气压：微乎其微
表面温度：−180℃~430℃
构成：约70%铁
自转周期：59天
公转周期：88天

大气和磁场

水星上有一层非常稀薄的大气，比地球上实验室造出来的真空还要稀薄，它是太阳风与水星表面的尘土碰撞而形成的。水星也拥有微弱的磁场，这可能是由核心中的液态金属的流动而产生的。

水星的色彩

从我们的肉眼来看，水星就是个灰扑扑的小球，非常单调。但是将水星表面极其微妙的颜色差异放大后，就有趣多了：亮蓝色或白色的地方是年轻的撞击坑；黄褐色区域非常平坦，是火山喷发后形成的熔岩平原；较深的蓝紫色区域富含某种深色的矿物，它们可能是在撞击事件中从水星深处喷射出来的。

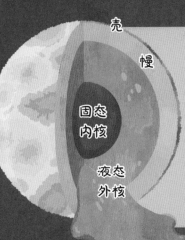

大铁核

　　水星虽然个头小，却有一个巨大的核心，约占它体积的85%。这个核心主要由铁构成，部分是熔融的。科学家对此十分好奇，因为一般来说这么小的行星的核心应该早已冷却成固态了。

壳
幔
固态内核
液态外核

呼！

撞击引起的冲击波在水星内部传播

表层壳体断裂形成怪异地形

卡路里撞击

　　卡路里盆地可能是在大约40亿年前由一颗小行星撞击形成的，这次撞击还导致水星的另一侧形成了被称为"怪异地形"的丘陵。

　　卡路里盆地是水星上最壮观的风景，也是水星上最热的地方，"卡路里"就是拉丁语中"热"的意思。它是太阳系最大的撞击盆地之一，能装下100个北京市。它周围环绕着上千米的山脉，内部填满了火山熔岩。

卡路里盆地

每当水星运行到离太阳最近的地方时，卡路里盆地都直面太阳，这时它的温度高到连岩石中的铅、锡都能熔化析出，形成金属液潭。

怪不得要叫卡路里呢！

在水星上

行星体验馆的全息影像技术让朵朵和珠珠身临其境般感受了水星上面的风景。看着点缀着星星的天幕上巨大无比的太阳，姐妹俩嘴都合不上了。朵朵惊叹道："哇，这个太阳起码有平时看到的 3 倍大！"

珠珠问爷爷："这是水星探测器拍摄出来的场景吗？"

"不，这只是根据科学数据进行的模拟。"爷爷乐呵呵地说，"目前还没有探测器到达过水星表面呢。水星离太阳太近了，由于太阳强大的引力影响，探测器进入水星轨道已经很困难，更别说着陆了。"

因为我们地球有大气层呀！地球大气吸收、反射、折射了太阳光，导致白天天空很明亮，掩盖了星星发出的光。

爷爷，为什么不能在地球上同时看见太阳和星星呢？

有名的陨石坑

水星表面布满了陨石坑，大多数陨石坑是以著名的文学艺术家的名字命名的，其中以中国人名命名的有 17 个，包括李白、杜甫、李清照、赵孟𫖯（fǔ）、齐白石、鲁迅陨石坑等。赵孟𫖯陨石坑在水星南极附近，坑底可能有水冰存在。

水星探测

目前，只有水手 10 号和信使号两个探测器拜访过水星。信使号于 2011—2015 年环绕水星运行，拍摄了大量的图像，让人们能完整地看到水星的全貌。2018 年，一个新的水星探测器贝皮科伦坡号向水星进发，预计于 2025 年到达。

极端温差

水星是太阳系中昼夜温差最大的行星。白天的时候，它的温度可以达到约 430℃；但它微薄的大气层留不住热量，到了太阳照不到的夜晚，温度会降至约 -180℃。

水星在"缩水"

水星表面有众多的皱褶和断崖，有些褶皱绵延几百千米。这是它的一个不同寻常的特征。科学家认为，这是水星在几十亿年中核心不断冷却收缩，表层壳体断裂、变形造成的。

度日如年

虽然水星绕太阳跑得最快，但它的自转速度却很慢，造成了水星的太阳日——太阳两次出现在天空中同一位置的时间间隔，也就是我们常说的"一天"——长达约 176 个地球日，也就是 2 个水星年。所以在水星上，"度日如年"可不是夸张，而是真实的！

水星奇景

如果你在水星上待足够长的时间，就可以看到太阳逆行的奇妙景象。这是因为当水星经过近日点（离太阳最近处）的时候，它的公转速度会超过自转速度，因此，天空中的太阳看起来会停下脚步并后退，等水星过了近日点后才恢复正常。

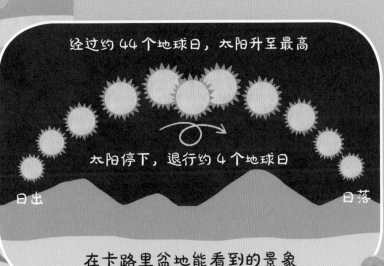

经过约 44 个地球日，太阳升至最高

太阳停下，退行约 4 个地球日

日出　　　　　　　　　　　　　　　　日落

在卡路里盆地能看到的景象

金星

欣赏完水星风景，姐妹俩兴冲冲地跑进了金星体验室。金星的大小、密度、引力都和地球差不多，而且是离地球最近的行星，所以人们通常称金星为地球的姊妹星。但这颗姊妹星的表面却和地球有天壤之别，简直就是"地狱"！

臭鸡蛋味的天空

金星的天空是橙黄色的，顶部有厚达 20 多千米的云层，它们主要由硫酸构成，云中有猛烈的闪电现象。由于厚厚的云层遮挡，在金星上没法清楚地看到太阳，地面光线很昏暗。

金星小档案

直径：略小于地球
质量：地球的 82%
引力：地球的约 90%
气压：地球的约 92 倍
表面温度：平均约 462℃
自转周期：243 天
公转周期：225 天

感觉像在泳池底似的！

如果是在真实的金星上，我们早就被气压压扁了！

身穿棉衣 92 件

金星有着异常稠密的大气，它表面大气压差不多是地球的 92 倍！这里可谓是一个巨大的烤箱加压力锅，想在地球上体验这样的压力，我们必须进入 900 多米深的海中。

与众不同的旋转

金星自转极其缓慢，在金星上，你甚至可以走得比它自转还快。而且它的自转方向与大部分行星相反，是自东向西。因此对于金星来说，太阳是打西边出来的！

地球　　　　　金星

超级温室效应

金星离太阳虽然没有水星近，但它的温度却是太阳系行星中最高的，表面温度常年在 462℃ 左右。这是由于金星大气中约 96% 都是"保温气体"二氧化碳，它将太阳的热量锁住，使金星变得酷热。

火山星球

金星表面被火山熔岩覆盖着，有少量的陨石坑。辽阔的熔岩平原上散布着上千座大型火山和无数小火山，其中一些火山仍然活跃着。火山爆发会引发大面积的酸雨，但雨滴在落到金星表面前就会化为蒸汽。

部分阳光穿过云层

大部分阳光被云层反射了

热量无法逃逸

阳光转化成热量

揭开金星的神秘面纱

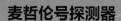

从地球上看，金星是夜空中最亮的星，自古以来人们就很关注它，称它为启明星、长庚星、太白金星，赋予了它种种诗意和传说……但是金星的真实面貌却始终笼罩在它浓密的云层下，充满谜团。

麦哲伦号探测器

美国的麦哲伦号探测器可以说是至今为止最成功的金星探测器，它于1990—1994年环绕金星，用雷达测绘了金星98%的地形。通过雷达，我们可以知道金星地形的高低起伏，了解它表面的大致轮廓。

艰难的着陆探测

金星的极端高温高压不光是对生物不利，还让探测器都难以"生存"！在多次失败的尝试后，苏联的金星7号探测器于1970年第一个成功在金星软着陆，只撑了20多分钟。金星9号着陆后运行了53分钟，传回首张来自金星表面的黑白照片。而像深海潜艇般的金星13号钻探了金星土壤，拍摄了彩色照片，并创造了在金星上"生存"127分钟的最长纪录。

如果用普通的相机，我就只能拍到黄白相间的云层！

金星快车号探测器

风力金星车

当前最先进的电子设备在120℃以上就会发生故障，很容易屈服于金星表面的极端环境，因此科学家正在研发耐高温电子设备，并计划发射以风力为主要动力的金星车。在高压环境下，即使是微风也能产生明显的作用力。

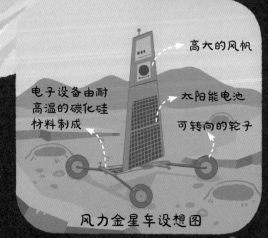

高大的风帆

电子设备由耐高温的碳化硅材料制成

太阳能电池

可转向的轮子

风力金星车设想图

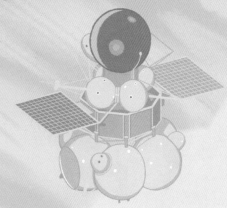

金星大气机动平台半浮式飞机

金星-D 探测器

俄罗斯预计于 2029 年发射金星-D 探测器，它包括一架轨道器和一个着陆器，重点探测大气超旋转——大气旋转得比行星自身旋转快很多的现象，以及大气和地表的相互作用等。

金星-D 探测器

金星大气层探测

金星表面上方约 50 千米的云层处是最接近地球气候的地方，这里温度为 30℃ ~ 70℃，有与地球表面类似的压力，还有水滴存在。如果金星上真的有生命，那最有可能存在在这里。科学家设想在此高度附近设置飞行器，对金星进行长期探测。

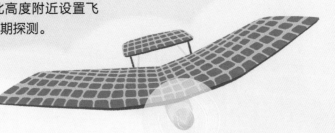

太阳能飞机

高压气球

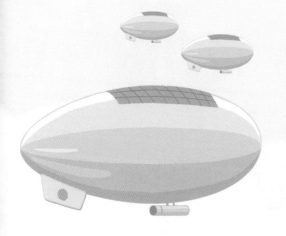

飞艇

金星的未解之谜

根据金星上氢元素同位素的比例，科学家认为金星过去可能有海洋，拥有与地球相似的气候。究竟是什么导致这两颗姊妹星变成了截然不同的模样？探索金星的历史和奥秘，也许能帮助我们了解地球自身和地球的未来。

火星

进入火星馆，朵朵不由得感慨：
"总算到了一个眼熟的地方了，这里
感觉很像我去过的戈壁沙漠呢。"

爷爷笑着说："现在你明白
为什么要探测火星了吧！火星
的地理环境是太阳系中与地
球最像的，很多人认为它将
是人类进行太空移民的第一
站。而且了解火星也可以
帮助我们认识地球的演化
历史。"

火星小档案

直径：比地球的一半大一点
质量：地球的 11%
引力：地球的约 38%
气压：地球的约 0.6%
表面温度：−140℃ ~30℃
自转周期：24 小时 37 分
公转周期：687 天

当技术发展到一定水平时，
一般人去火星探险和旅游也是可
行的。但是，火星环境仍然不适
合生存，比起移民外太空，更重
要的还是好好保护地球。

爷爷，您说人
类真的有可能
移民火星吗？

"生锈"的星球

火星基本上是一颗沙漠行星，
非常荒凉。这里气候干燥、严寒，
经常有沙尘暴，导致大气中永远
飘浮着尘埃。火星的岩石和尘埃
里含有氧化铁，也就是铁锈，所
以火星看上去是红色的。

假如住在火星上……

火星自转一圈是 24 小时 37 分钟，只比地球慢一点；而且火星的自转轴倾斜角度和地球也差不多，所以火星拥有和地球相似的昼夜长短，也有春夏秋冬四季的轮转。在火星上生活的话，不用担心作息问题！

北极冰盖

奥林匹斯山

塔尔西斯高原

水手号峡谷

南极冰盖

两极冰盖

火星的两极都有永久性的冰盖，它们由水冰和干冰构成，干冰就是凝固的二氧化碳。春天、夏天的时候，一些二氧化碳受热升华（即从固态变为气态）进入大气层，然后在冬季再次冻结，那时有可能会下像雾一样的干冰雪！

火星的两颗卫星

火星有两颗卫星，它们很小，长得像马铃薯。火卫一只要约 8 小时就能绕火星一圈，而火卫二也只要 30 小时多一点，所以在火星上经常能看到日食。

火星旅游小贴士

· 一定要带氧气！火星的大气比地球上最高的山顶上的空气还要稀薄，而且几乎完全由二氧化碳组成。

· 记得穿航天服！火星没有全球性的磁场、电离层，无法为我们抵挡太空中的辐射。

· 注意保暖！火星非常冷，平均温度约 −63℃，实际上的体感温度更低。

火卫一

火卫二

充满奇观的星球

除了没有液态水，火星的表面和地球很相似，但一切都更加壮观。这里有太阳系中最长的峡谷、超出大气层的火山、广袤美丽的沙漠、神秘的古老河道……火星宛如一座奇妙的地质公园，让每个人都想去冒险一番！

美丽的沙丘

火星上的风如同一位天才的雕刻艺术家，塑造了许多奇特的波纹状沙地：线形、新月形、羽毛状、鱼鳞状……很多沙丘已经"石化"了，使这些优美的图案长久地保存下来。

蓝太阳

在火星上，可以看到蓝色朝阳和夕阳，这是因为火星大气中的尘埃更多地散射了太阳的红光。当地球上发生沙尘暴的时候，我们也能看到蓝色太阳。

水手号峡谷

水手号峡谷长度超过 4000 千米，宽约 200 千米，最深处约 11 千米，是整个太阳系中最大的峡谷。实际上它是由几个峡谷连接而成的。

奥林匹斯山

奥林匹斯山是太阳系已知最高大的火山，它比我们的珠穆朗玛峰还要高近两倍，而且它的坡度非常平缓。这种庞大的山体可能是由火山无数次喷发累积而成的，正是因为火星引力小，才使冷却的熔岩可以堆积得那么高而不崩塌。

小树林

二氧化碳带着沙土喷射出来，从卫星拍摄的图片看，仿佛是火星表面长出了树林。

蜘蛛

气体的运动会使冰面下产生放射性的纹路，像一只只蜘蛛。有些岩沙沉积在冰上，形成沙丘暗点。

间歇泉

每年春季，火星极区部分地区的干冰冰盖会从底部开始升华。二氧化碳气体带着深色的玄武岩沙和灰尘猛烈地喷射出来，就像间歇泉一样。

瑞士奶酪

地面上的干冰升华后，留下一个个凹坑，形成了瑞士奶酪般的地形。

火星探测器

在火星探测器的展示区，朵朵和珠珠认识了很多可爱的探测器。

目前已经有近 30 个探测器到达过火星：有些是飞掠而过；有的环绕火星飞行，进行全球勘测；有的落到火星上，在原地"蹲点"探测；还有些是火星车，可以四处开动进行调查。它们都是帮助我们了解火星的功臣。

我第一个飞越火星。但我很失望，传说中的火星人、火星运河我都没有看见，只看到一些山和峡谷，到处都死气沉沉的！

水手 4 号
探测器

优秀的双胞胎火星车

勇气号和机遇号的故事十分鼓舞人心。根据最初的计划，它们的工作寿命只有 3 个月，但这对双胞胎的意志之坚韧，却大大超出了所有人的预期——勇气号坚持运行了 7 年，机遇号工作了 15 年！

在火星上，它们面临着巨大的挑战：轮子故障，陷入沙地中，因阳光被沙尘暴阻挡而断电……不过有时也因祸得福：勇气号因轮子故障而发现火星土壤表层下的二氧化硅，这被认为是火星上曾经有水的有力证据。机遇号在火星上行驶超过 45 千米，拍摄了 20 多万张照片，首次发现了火星上的陨石，并找到了各种各样的含水矿物。

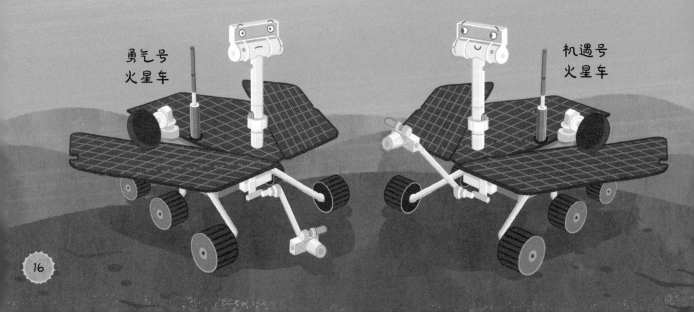

勇气号
火星车

机遇号
火星车

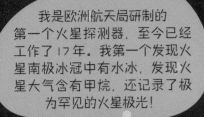

我是欧洲航天局研制的第一个火星探测器，至今已经工作了17年。我第一个发现火星南极冰冠中有水冰，发现火星大气含有甲烷，还记录了极为罕见的火星极光！

在火星轨道上待了19年，我算是这儿的元老啦。勇气号、机遇号和好奇号火星车都靠我来与地球通信。

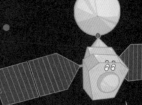

火星勘测轨道飞行器

不知道你有没有听说过，我可是很有名的风景摄影师呢！最近我拍到了火星上的新朋友——祝融号火星车。

奥德赛火星探测器

火星快车号探测器

好奇号火星车

作为一名地质学家，我能发射激光束来蒸发岩石并检测其成分。我拥有核能发电机，这样就不用担心因照不到阳光而断电了。我的摄影技术也很棒，还能自拍。

我非常灵巧，可以探索悬崖峭壁！

机智号无人机

哈喽，我是毅力号，火星的新访客，我是来寻找生命的！我还带了一个小助手——机智号无人机！

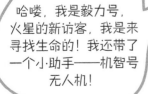

毅力号火星车

登陆火星有多难？

爷爷说："别看有这么多探测器到达过火星，其实失败的比成功的还多。而且像天问一号这样一次性完成环绕、着陆和巡视任务的探测器，历史上还是头一个。"

"天问一号这么厉害啊！我们的科学家可真了不起！"珠珠不禁自豪地挺直了腰杆，又追问道，"那为什么失败的那么多？"

"因为探测器从发射、进入火星轨道到着陆，都需要非常精密的计算和控制。"爷爷解释说，"而且火星和地球距离遥远，很多操作只能由探测器按预先设定的程序自主完成。形象点说，这难度相当于从巴黎击出一只高尔夫球，要让它落在东京的一个洞里！"

1 关键的发射时机

火星和地球的公转速度不同，就像两个人以不同的速度在环形跑道上赛跑一样，它们每隔约 26 个月才会达到最佳距离，这时航天器可以以一条最节省能量的路线飞到火星，这条路线叫作霍曼转移轨道。错过了这个时机，就得再等两年了。

出发时火星位置
霍曼转移轨道
探测器
44°
到达时火星位置
地球轨道
出发时地球位置
火星轨道

怪不得中国、美国和阿联酋都要在 2020 年 7 月发射火星探测器呢。

没错，这段时间就是发射窗口期，大概持续 1 个月。

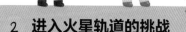

2 进入火星轨道的挑战

探测器要通过制动减速来进入火星轨道，这脚刹车可太难了，时机、时长和力度都必须十分精准，而且只有一次机会：早了或减速不足，就不能被火星引力捕获而迷失在太阳系中；晚了或减速太多，则有可能坠毁。

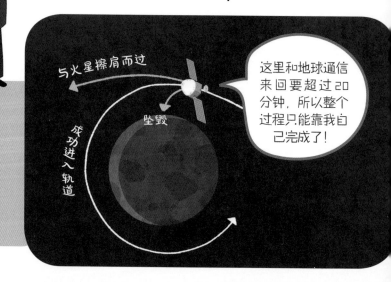

与火星擦肩而过
成功进入轨道
坠毁

这里和地球通信来回要超过 20 分钟，所以整个过程只能靠我自己完成了！

3 恐怖的着陆

着陆火星是最危险、最紧张、最容易失败的阶段，其中最关键的问题还是减速。着陆器进入火星大气层时速度可达 4.8 千米每秒，相当于子弹出膛速度的 6 倍，而着陆时间只有不到 10 分钟，要在这么短的时间内使这个速度降到零，想想就知道有多难！

气动减速

超音速开伞

抛底

抛背罩

动力减速

悬停避障

缓冲着陆

天问一号的"伸腿"式着陆

天问一号首先靠火星大气的阻力，在 5 分钟内将速度减至约 460 米每秒；之后开伞减速，在不到 100 秒的时间内把速度进一步降低至 100 米每秒以下；接着抛底、抛背罩、反推火箭点火、悬停避障，一步也不能出错。

经过惊心动魄的 9 分钟，天问一号最终在 4 条着陆腿的缓冲下沉稳着陆。

另外两种着陆方式

气囊式： 小而轻的火星车会采用这种方式着陆，比如勇气号和机遇号。它们被气囊包裹着落下，像球一样在地面上弹跳，使坠落的冲击力被消耗吸收。

空中吊车式： 这种方式适合大型、精密的火星车，比如好奇号和毅力号。它们由装有反推火箭的空中吊车用缆线缓缓放下。

曾经可能是水世界

珠珠研究了一下几个探测器的介绍，疑惑地说："为什么这些探测器都要在火星上找水？难道越缺什么就越要找什么？"

爷爷笑着摸摸珠珠的头："其实啊，对于其他星球，人们最关心的还是有关生命的问题。所以，我们就要了解那里有没有对生命存在来说最重要的液态水。"

过去的火星也许并不干燥

火星上有许多被认为是水流冲刷形成的地貌：交错纵横的河谷，宽广的外流河道，以及湖盆、三角洲等。根据现有的观测数据，很多科学家认为火星在几十亿年前曾是温暖潮湿的气候，表面有大量液态水存在。

> 现在还不清楚。科学家提出了一些假说：水可能蒸发了，可能沉积在地下，也有可能过去压根就没有那么多水呢。

> 这么多水怎么就消失了呢？

> 三角洲是由河流带来的泥土和沙粒在河流入湖处沉积形成的，这种地方往往蕴藏着丰富的物质，科学家认为在这里也许能找到生命的痕迹。

富含黏土的沉积物

碳酸盐岩

三角洲

碳酸盐岩

内雷特瓦河谷

耶泽罗陨石坑的边缘

> 这样的河谷地形在火星上有很多，科学家根据它们的特征分析，认为有些是由河流塑造成的，有些是由冰川雕蚀成的。

现在的火星也不缺"水"

现在火星上的水基本以冰的形式存在。而在极区的某些陨石坑里以及极冠处，我们能看到暴露在表面的水冰。而在火星中高纬度的地表下有大量的水冰积层，有些距离地表只有几米。如果目前探测到的水冰全部融化，足以淹没整个星球约35米深。很可能还有更多的水冰被埋在地下深处。

位于火星北纬73°的科罗廖夫陨石坑里，装着满满的水冰。

毅力号火星车着陆在火星北半球的耶泽罗陨石坑，科学家相信这里曾经是一个湖泊。

耶泽罗陨石坑

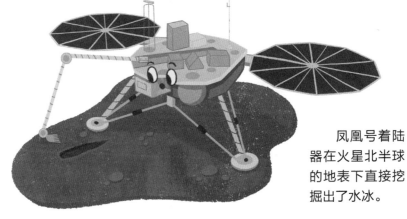

凤凰号着陆器在火星北半球的地表下直接挖掘出了水冰。

许多探测器在火星上发现了丰富的黏土、硫酸盐、碳酸盐等含水矿物，这些矿物通常是在有液态水的环境下形成的。

火星快车号的数据表明火星南极冰盖下方存在多个湖泊，这些湖泊可能富含高氯酸盐，所以才能在约-70℃的温度下不结冰。

冰盖

岩层

天问一号火星任务

珠珠跑到了祝融号的旁边，看了看说："我明白了，我们的祝融号火星车也是去火星找水、找生命的！"

"是的，这是它的重要任务之一，"爷爷点点头，"因此它的着陆点选在了乌托邦平原，那里可能曾经被海洋所覆盖。"

又参观了一会儿，要闭馆了，姐妹俩恋恋不舍地挥别祝融号。朵朵说："它会发现什么呢？真令人期待呀！"

2020 年 7 月 23 日，长征五号遥四运载火箭托举着天问一号探测器，在中国文昌航天发射场点火升空。

乌托邦平原在哪里？

乌托邦平原位于火星北半球，是火星上最大的平原，其地下有大量的水冰存在，储水量相当于地球上的面积最大的淡水湖苏必利尔湖。祝融号火星车在这里可以更好地研究火星上水的奥秘。

北方大低地

乌托邦平原

塔尔西斯高原

水手号峡谷

希腊平原

长征五号系列火箭是我国目前运力最强、个头最大的运载火箭，它的体重有近 900 吨，被大家亲切地称为"胖五"。

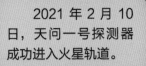

2021 年 2 月 10 日，天问一号探测器成功进入火星轨道。

天问一号环绕器配备了 7 种科学仪器，可以分析火星的地质、矿物、磁场和各种粒子。

2021 年 5 月 15 日，天问一号着陆器携带着祝融号火星车成功着陆火星！

祝融号配备了 6 种科学仪器，可以对火星地表进行全方位的探测。有了这些装备，我们期待它给世界带来更多惊喜！

祝融号的"眼睛"包括用来拍摄地形地貌的导航与地形相机，和识别矿物成分的多光谱相机

火星表面磁场探测仪

用来传输信息的天线

记录风速、风向和声音的火星气象测量仪

祝融号的 4 个"大翅膀"是太阳能电池板

火星表面成分探测仪可以发射激光，分析岩石的元素组成

记录温度、气压的火星气象测量仪

避障相机

次表层探测雷达可以探测地表下的水冰层和冰层下的液态水

图书在版编目（CIP）数据

类地行星大不同 / 焦维新著；姚佳琪绘. 一南宁：广西科学技术出版社，2021.6（2024.7重印）
（去太空）

ISBN 978-7-5551-1617-2

Ⅰ.①类… Ⅱ.①焦… ②姚… Ⅲ.①行星—儿童读物 Ⅳ.①P159-49

中国版本图书馆CIP数据核字（2021）第120560号

LEIDI XINGXING DA BUTONG

类地行星大不同

焦维新　著　　　姚佳琪　绘

策划编辑：蒋　伟　王艳明　邓　颖　　　　责任编辑：蒋　伟　王艳明
书籍装帧：于　是　　　　　　　　　　　　责任印制：高定军

出版人：岑　刚　　　　　　　　　　　　出版发行：广西科学技术出版社
社　　址：广西南宁市东葛路66号　　　　邮政编码：530023
电　　话：010-65136068-800（北京）
传　　真：0771-5878485（南宁）
印　　刷：雅迪云印（天津）科技有限公司
地　　址：天津市宁河区现代产业区健捷路5号
开　　本：850mm×1000mm　1/16
印　　张：4.5（全3册）
版　　次：2021年6月第1版　　　　　　　字　　数：50千字（全3册）
书　　号：ISBN 978-7-5551-1617-2　　　印　　次：2024年7月第2次印刷
定　　价：60.00元（全3册）